U0611677

张竹邦说翡翠

翡翠选购

张竹邦 著

翡翠投资鉴别宝书

海峡出版发行集团 福建美术出版社

图书在版编目（CIP）数据

翡翠选购 / 张竹邦著. —— 福州：福建美术出版社，
2012.1

（张竹邦说翡翠）

ISBN 978-7-5393-2651-1

Ⅰ.①翡… Ⅱ.①张… Ⅲ.①翡翠－选购 Ⅳ.①TS933.21

中国版本图书馆CIP数据核字(2011)第273603号

作　者：张竹邦
责任编辑：毛忠昕

张竹邦说翡翠 / 翡翠选购

出版发行：海峡出版发行集团
　　　　　福建美术出版社
社　　址：福州市东水路76号16层
邮　　编：350001
服务热线：0591-87620820（发行部）　87533718（总编办）
经　　销：福建新华发行集团有限责任公司
印　　刷：福建金盾彩色印刷有限公司
开　　本：889×1260mm　　1/32
印　　张：4
版　　次：2012年1月第1版第1次印刷
印　　数：0001——3000
书　　号：ISBN 978-7-5393-2651-1
定　　价：39.00元

序

　　翡翠的选购在去除假伪的前提下，应从质地的高下、绿的偏正多少、工艺创新、完美度、瑕疵毛病等方面进行综合的权衡。正确的估价，灵活的讲价这些都是必须了解和掌握的。所谓剑胆琴心，除了说明胆欲大心欲细外，就是要顾及到各个方面。

　　翡翠的选购上很重要的一点就是保持一个平和的心态，急功好利和急于求成都是十分忌讳的。

目录

第一章 翡翠鉴定

龙牌，糯玻地，估价30-45万

　　俗话说"神仙难识寸玉"，意思就是说识别翡翠好坏比较困难，一般有经验的玉商，全凭眼力，似乎无什么定规和标准。其实哪有不被人认识的事物，翡翠是可以识别，能够识别的。那种轻视书本知识，认为"看书的不会"，"会的不看书"的说法是带有片面性的。为学会识别翡翠，先介绍一下有关的名词。

　　"水"，指翡翠的透明度，用光线在玉料中能通透的深度、广度来衡量。"2分水"就是光线在玉料中能达到的深度是2分，约6毫米。也常以物比喻，把半透明以上的称为"玻璃水"，近似半透明的称为"糯化水"，不透明或透明度极低的称为"无水"或"水干"。

　　"色"，指玉料的颜色，玉有红、绿、蓝、黄、春、灰、白、黑等色，以红、绿、春三色为主。红、绿、春三色共存，或红、绿、黄、蓝、春五色共存的玉器非常惹人喜爱，价值较高。绿色、浓艳纯正的春色、红色均是玉料中的高档颜色，尤以绿色为贵，其商品价值就表现在绿色上，最为人们重

戒面，糯冰地，起荧,估价20-30万

视，在国际上享有"东方瑰宝"的美誉。

翡翠的绿色"浓""阳""俏""正""和"为好，反之以"淡""阴""老""邪""花"为差。

所谓"浓"，即颜色青翠的绿色，也就是深绿而不带黑色。反之"淡"，指绿色淡，显示无力。

所谓"阳"，就是鲜艳明亮，反之就是"阴

站佛，糯冰地，棉多，估价逾10万

暗"。阳绿即使淡一些 也会使人有新鲜感，惹人喜爱；阴绿即使深浓也不受人欢迎。

所谓"俏"，即漂亮或具有青春之意，俏绿色显得美丽晶莹，反之便是"老"和"平淡"。阳俏之绿有鲜艳可爱之感。

所谓"正"，就是绿色不带青、蓝、灰、黑等色。如带有这些杂色则称为"邪色"，价值就低。

所谓"和"，就是"匀而不花"之意，颜色均匀。如果绿色呈丝条状或散点、散块状就是"花"，也影响价值。

如具备上述前5项者为上品，属后5项者为次品。如按绿色的浓淡、深浅、纯正程度、水份好坏

老式马鞍戒，豆色，糯地，估价逾2万

又可分成若干等级。

翡翠制品的优劣

上等的

宝石绿：色似绿宝石，色纯，水份好。

艳绿：色浓而不黑，纯正、鲜艳。

秧草绿：翠绿如秧草，绿中略显黄，更觉鲜艳阳俏。

玻璃绿：艳绿透明度好。

次一色的

浅阳绿：绿色淡，纯正，入眼漂亮。

浅水绿：绿色淡，均匀分布，但不够鲜艳。

菠菜绿：绿色浓，略显黑，不够鲜艳。

再次一色的

蓝绿：绿中闪蓝，绿不显。

瓜皮绿：绿中显青色。

油绿：绿中透灰蓝色，不鲜艳，但水分较好。

蛤蟆绿：绿中透蓝透灰，夹石性较大。

灰绿：绿中闪灰。

绿色越纯正越好，忌闪灰夹黑和过份闪蓝闪青。

绿色的浓淡厚薄常用"色力"一词来衡量。一个浓艳满绿的戒面，无论摆起从各个角度看或者拿起悬空看，都不减色，称之为"色力足"，又叫"亮

祖母绿胸坠，
估价逾3万

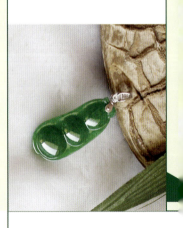

水"。如果摆起来看绿色为浓，但拿起来看显得浅淡，这叫"色力不足"。还有摆起来看发暗，透视起来显绿，则叫"罩水"。

"底障" 皮壳以内无绿色集中的部分称为底障，色即寄存于底障之中。底障有白、油青、春、淡绿、花绿等色，夹灰夹黑是不好的底色。经纪人常以水、色比拟生活中常见之物，命名底障，如玻璃底、冰底、灰水底、紫水底、元青底、香灰底、芋头底、狗屎底等。有的又把底色称为"情"，如玻璃水带春情、玻璃水带蓝情等。底障以质地坚实、细润、洁净、水分足、底色均匀漂亮为好。底障坚实细润、硬度高的玉料抛光之后，表面非常光滑，在光的照射下光芒四射，称之为"宝气重"；底障

正阳绿戒面，洁净无瑕，估价逾110万

洁净通透才能显现其中的绿色，给人以一汪绿色或碧绿如滴的感受。底障的好坏直接关系到玉石质量的等级和价值。

"翠性" 硬玉中细小晶粒呈星点样，片状闪光，有如阳光照耀下的蚊子翅，称为玉石的翠性。翠性大的玉石闪光成片状分布，翠性小的闪光不明显。独山玉、岫玉、烧料、塑料等无翠性反映。

"绺" 指玉料中的裂痕、裂纹。

"坑口" 指玉石生长的山坑。分为"老坑"（老

山)玉和"新坑"(新山)玉两类。

"材料大小" 翡翠材料不仅通体全绿的极少，而且尽绿的体积大的也不多，大块绿的尤其难得。因此，满翠绿色的材料越大块价值越高。

"品种和规格" 凡是旧饰品，首先应从种色的优劣、大小来考虑，如件头大、种质好、绿色多的价

四季豆

值就高，反之就低。一般种色的饰品，应看其造工精细与否、规格比例适合而定。如戒面长2cm，宽1．3cm，厚0．5cm，二边面为合适；普通玉片，内径 5．3cm，条子0．84cm为宜，圆者为好，不合规格的为次；玉花件应看其大小、厚薄、有无裂

正阳绿戒
估价逾150万

纹、造工好坏而定，以种色好、造工精致、大件、无裂纹者为好，反之则为一般；若是普通种色、细件且薄、裂纹虽少，但造工不太好的比一般的还次；如种色不太好，又薄、又有裂纹、造工不太好的则属次品。

"完美度" 指一件玉器有无裂纹，杂质的轻重程度。无裂纹无杂质的叫"完好全美"，价值则高；反之毛病重，能显著看到(不用放大镜)，甚至断裂，价值便低，尤其是普通玉片、马鞍戒指、圆戒指、耳扣、手镯等，有毛病以致裂断则价值更低。

"成对成套" 有些玉器，用途要求成对的，如耳环、手镯、三环扣等；有些需要成套如镶嵌别针、镶嵌镯的戒面、蝴蝶的双翅、镶嵌的胸花，由于成对成套，其价值高于单件20%-30%。

翡翠制品的优劣，主要决定于水头颜色、底障、坑口、瑕疵、大小、品种和规格、完美度、成对成套几个方面的条件。

佛寿如意坠，微偏蓝，
估价逾35万

绿手镯，糯冰地，
估价逾50万

翡翠之鉴别

　　首先是鉴别玉料的皮壳，绿色的真假。应将玉料洗净在阳光下反复详察，古老的方法是使用不透光的金属卡片如白铁片来观察，把铁片竖立压在洗净的玉料上，转动身体或玉料，让自然光(直接使用太阳光或强灯光都可以)从铁片的一侧射入玉料上，人眼则从铁片另一侧观察。直接从玉料表面反射的光线被铁片挡住不能进入人眼，进入人眼的光线是射入玉石内部被漫反射后又穿透出来的光线，这样看可以对皮壳的内层做一些了解。

　　这个方法对于开口的玉料或无皮壳的新山玉较

适合，可以了解玉石底障的好坏、颜色的有无和走向；在一般的自然光下，能看进二分水，认识底障水头的好坏。现在已经引进了滤色镜，将要看的玉料置于光线下，在滤色镜下观察，可以辨认出颜色的真假：假色如果是电镀的，在滤色镜下会泛红色；如果是浸泡的，则显白色；真色则不泛。但葡萄玉(又称"不倒翁")在滤色镜下仍然泛红，该玉较好的也是好货。绺裂一般凭肉眼就可看出，在放大镜下就更清楚了。油抹过的玉，在油干时，可起隐蔽裂纹的作用。

　　看玉一般以上午9点到下午3点，晴天为宜。还要注意环境，艳绿色不应在阳光下看，浅淡的不应在阴暗处看，因为这样看，其色会超过真色。更不宜

满绿色珠项链

在日光灯、水银灯等有色灯光下看。看玉必须高度集中注意力，逐步移动工具把整个玉料看遍，而且边看边动脑筋，调动自己的相关知识、经验，回忆所认识过的玉料，与被观察的玉料进行对比判断，最终得出结论。晚上看玉，应持慎重态度，一般不看，行家则照看不误，因为他们已经总结出了规律。成功的玉商，与其说是运气好，倒不如说是更善于识别和运用规律罢了。

翡翠的鉴定常识

绿挂坠

玻璃地飘花手镯

　　随着人们生活水平的提高，购买翡翠制品的越来越多。由于翡翠制品价格高昂，加之市场出现大量翡翠赝品，缺乏鉴定常识极易上当。这里将鉴定要领简介如下：

掂试重量

　　翡翠比重在3.3—3.36之间，赝品除美国加利福尼亚产的加州玉、南非特兰斯瓦尔玉比重在3.25—

3.48，与翡翠玉相似外，其他比重都较轻。特别是烧料翠玉、胶玉、粉石、绿翠石、信宜石掂于手中，都不像翡翠玉有分量感。

辨别色泽

翡翠有不透明、半透明和近乎透明等，颜色有翠绿、苹果绿到白、红、蓝等，颜色艳美，光泽喜人，不易变色，且浓淡均匀清澈，天然而成，晶莹凝重。料翠是一片过；胶玉颜色不鲜艳，一片过；

粉石的颜色浮而不鲜；南非玉混浊带黄，在黑暗处用灯光一照，绿色不见变成黄色。电色玉的色泽是绿带浮蓝，色中有蓝点或蓝丝，且有些黄气，颜色远不如真翠玉的翠绿；在电色玉里如有裂纹的地方，其蓝丝更为显现，而真玉的颜色则在裂纹内外

均相同；电色玉放置日久，其颜色会褪掉，渐渐转为黄色、蓝色、白色，如用沸油煎之，绿色全部褪尽，而真玉的颜色是永远不变的。染色翡翠，用棉花棒沾上涂改液一擦，马上就会变成蔚蓝色。美国马萨秋赛茨公司，可用放射性辐照处理方法，把玉石变为人们所喜爱的颜色，

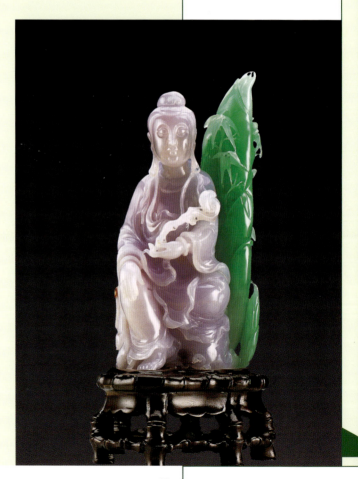

还可用激光给玉石上色，这种赝品除用特制的光学仪器鉴定外，一般难予识别。

察看包裹体

料翠内多有气相包裹体，人造玻璃的包裹体为圆形、棱形。真的翠玉没有气泡。

检查硬度

翡翠硬度6—7，晶体结构紧密，质地坚硬，破口处不平滑，参差不齐，呈晶粒状，敲击声音低而坚。烧料翠玉质松，硬度4至5级，破口处平滑发亮，同玻璃一样，用真玉的尖处轻轻地一划就能把

料翠划出一条痕迹，真玉本身是划不入的，料翠敲击声清而脆，象敲玻璃杯一样。胶玉用小刀轻划之，便见痕迹。

满色龙牌

在翡翠市场上，很多人无所适从，不知道怎么挑选翡翠，有的凭感觉，有的听声音，有的看"冲饰"（即美观与否），结果还是买不到理想的翡翠制品。有的人使用分光镜或放大镜查看，分光镜测试只能提供是否是正品翡翠的参考，而放大镜只有在掌握了翡翠的结构特征下，方能做出判断。

经过民间长期的经验积累，就正品的翡翠而言，有一套肉眼识别其优劣的标准，概括起来就是"种、色、水、底、裂"五个字。

种是指翡翠的结构状况，即其综合素质，其结构细致、均匀、紧密的称为老种，反之则为新种（老种也有结构差的）。老种玉已经从石中脱颖而出，不再具有较多石性，而进入宝的行列，棉多、杂质大、颗粒粗的叫"石性大"，应从种的角度进行否定。种好的翡翠由于结构密度大，反光性、折射率较强，看起来周护着一环"晕"或"宝光"，看着很是漂亮。

色是指玉的绿色，绿的等级、形状、多少、厚薄、分布等层次。以翠绿、苹果绿、秧苗绿为上。种好色绿的翡翠不多而且价格高昂，常见的多为红、蓝、黄、紫等，这些色调产生于优质种好的玉料上，都有较好的价位。有句行话说"外行看色，内行看种"，就是认为种好是色好的先决条件。

水是指翡翠的透明度，与种很有关系，是玉质地的表现，通常以玻璃水（几乎全透明）、响糖水（即半透的冰糖）、糯化水、糯冰种（兼冰种与糯种的优点），表示四种上乘的透明与半透明度。

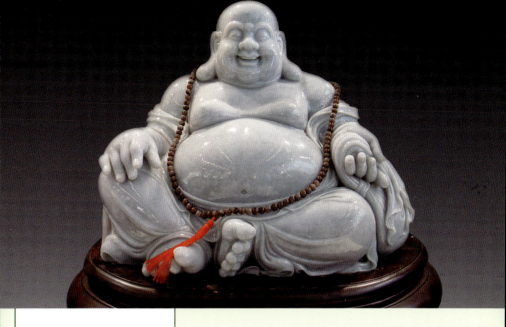

底是色以外部分的纯净程度，它与种、水都较为相关，是对色的应衬及烘托。

裂是指翡翠中的裂隙、裂纹，上乘的翡翠制品几乎不允许有丝毫的裂纹，一般制品，也应排除断痕和裂纹大的毛病。

决定翡翠的这五要素，特别是前四项，可以说是相互包容又相互独立存在的，一般言之种色俱佳的制品，其水其底也是上乘的，但若水种不好，则谓之浑、不清爽，将直接影响到其种色的价值。裂同样是影响其种色价值的重要因素。

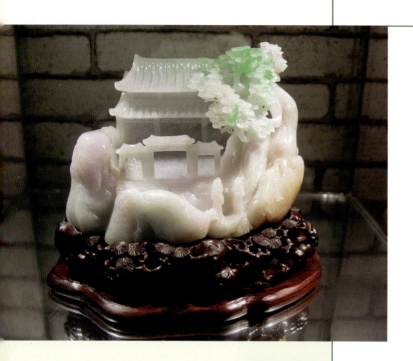

紫罗兰如意

第二章 赝品瑕疵

浅析翡翠瑕疵

在识别翡翠玉器并对其进行估价时，常有一重大标准，就是如何看到翡翠本身的毛病并对其进行正确的认识和区别，这是相玉水平的一个重要体现，也是检验我们自身主观认识事物是否客观公正的重要体现，也可以说是检查我们自身心态正常与否的一个重要尺度。

翡翠玉器的毛病究竟是那些？表现形式如何？应该如何对待？这是需要相玉者认真研究和总结的。现在翡翠市场上常出现的问题是，买卖双方有意无意的放大或掩盖翡翠玉器的毛病，在芝麻与西瓜之间乱划等号，常因此相持不下甚至谈判破裂，以至后来双方都感到似乎丢了什么，最可惜的是放弃或错过了一个"斩获"的重要机会，亦或执迷于对方

五鼠运财

雕花马鞍戒面，
估价3-5万元

的花言巧语弄得不能自拔以至造成损失。

　　在翡翠的交易中，常遇到这样的情况，当买方指出玉器的毛病后，卖方会振振有辞地回答说："那是玉筋""那是生长纹"，还会指指自己手上的经络以示其意，这一套含糊其辞的解说相当奏效，玉器的毛病因此被蒙混过关，使买方蒙受了一次大损失。与此相反的是，买方选购几十元价格的手镯或雕件时，面对种色俱佳的玉器，竟"上纲上线"大搞起吹毛求疵来，更有甚者把绺说成裂，把极微小的细纹说成是"通了一个洞"，并用放大镜照后指出肉眼无法看到的毛病……

以上买卖双方在对待玉器的毛病上都有意无意地存在着很大的偏见。

一、什么是翡翠玉器的毛病

与翡翠术语的解释一样，翡翠玉器的毛病同样有两个层次，广义的讲凡是种、色、水、地不好的都可以认为是毛病，狭义的讲就是有玉病和绺裂。

玉病指的是翡翠玉料中存在的癣、脏、棉、吃黄、糟、嫩等。

癣 翡翠中出现黑的部分的俗称，在玉器中即被称为黑。从理化的角度上说，是没有铬元素释放地

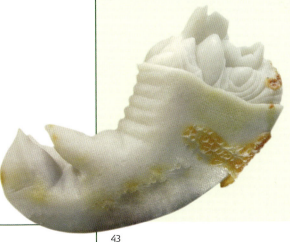

紫罗兰龙耳瓶

质条件的黑，因为它的内部缺乏铬元素，无法形成翡翠的绿色，这种黑似窑烟如死灰，完全失去了生命力，被称为死癣或死黑，为翡翠玉器之大忌。在高档制品中，任何肉眼能看到的黑癣都是应该回避的。与之相反的是具有铬元素释放地质条件的黑，在适当的条件下就能使黑的部分变为浓绿，在强光的照射下绿得似汪洋大海，这即是翡翠行中所称的活黑活癣。

玉件中的絮状物或棉

44

紫罗兰鸡心坠

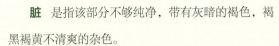

棉

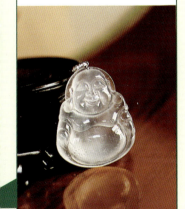

脏 是指该部分不够纯净，带有灰暗的褐色，褐黑褐黄不清爽的杂色。

棉 翡翠中出现半透明、微透明的白如棉絮般的杂质，有的如云有的似雾，形状有条带状、丝状、波纹状，其主要成分为钠长石，次为霞石、方沸石及一些气液态包体等。

吃黄 翡翠中的绿、蓝、白等颜色上间有褐黄，被其吃掉，民间还有一说法叫"酸降"，多指这种不够正的黄色对其正色的干扰。

糟 有的翡翠超过了生长的成熟期，出现老朽的状态，丧失了翡翠应有的结构与硬度，只保持翡翠的外相，在雕刻等外力的作用下容易脱离与朽坏。还有的由于承受外力过度，内部结构遭受严重破坏呈现"散"状等。

嫩 有的翡翠尚未达到生长的成熟期，在结构和硬度上弱于正常的翡翠，其光洁度和敲击后发出的音响同样弱于正常的翡翠，类似服劳役的"童工"。

以上的可统称为翡翠的"玉病"，一般为其原生固有的，亦可叫做软伤。翡翠的硬伤主要指的是裂。裂直接影响到翡翠的价值，然而在翡翠的鉴别与估价中却又用得很泛很烂，何谓裂？裂是指东西的两部分向两旁分开，为拉开之意，俗称"张口裂，合口绺"，可见裂不同于绺，绺是指一束丝、线、须、发等，在翡翠珠宝中绺与裂的界定应是十分谨严而科学的，裂应该指张开与张开后充填了物质复合的线条，绺应该是没有张开的最细微的线条，几如毫发与游丝。如果绺即裂，裂即绺，又何必分开二字而用？在网上有咨询者曾对我发问"某雕件有多少条绺？"答复是"数不清"，因为有的雕件细纹太多，难于数清。

二、如何对待翡翠玉器的毛病

前面已经讲过翡翠玉器的毛病同样有两个层次，而这两个层次都是以翡翠玉器的价格为正比例展开的。几十元或百元左右的玉器一般都会存在有一、二项的毛病，在这个价位上若出现种、色、水、地均可以的玉器，一般都会存在着不同程度的绺裂。如同瓷器的鉴赏一样，有毛病的瓷器其价格则会大打折扣的，这是买卖双方都需要把握住的，因为价位或者说是翡翠玉器的档次是衡量其存在毛病的重要背景和先决条件。

白璧微瑕，人无完人宝无全美，最高档的宝贝也有小毛病。翡翠是天然的石头而非化工制品。我们不患翡翠玉器有毛病，而患人失却或颠倒了衡量毛病的尺度。前面讲到的购者，选购几十元价格的手镯或雕件时，过分吹毛求疵，即是失衡的表现。我们不能将衡量戒面毛病的标准用到手镯和挂件上，也不能将衡量手镯和挂件毛病的标准用到大摆件上，更不能用假翡翠的外相去苛求真翡翠，文学大师有句名言"有缺点的战士终是战士，完美的苍蝇还是苍蝇。"同样，不能混淆翡翠玉器的档次要求，用高档翡翠的条件去苛求一般翡翠制品。

财神摆件

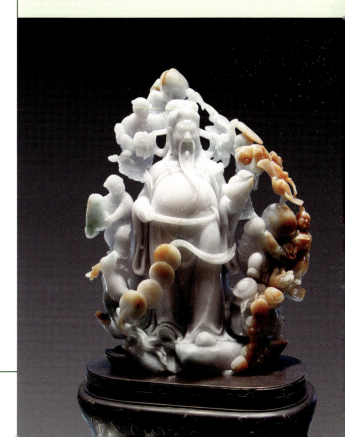

近年,有天津商学院珠宝班、云南省地矿局职高班毕业生和深圳博伦学校宝石班学生,先后到腾冲、瑞丽实习,在下因写作《翡翠探秘》及地缘关系,每每被邀请为之讲课并共同探翡翠市场中存在的问题。学生们一说到市场的千奇百怪,就几乎懵了。

针对初学者在市场中最易摔跤的问题,我提出,首先要弄通三种缅玉和一种质地较软的青玉,被我称为翡翠市场上的"四杀手"。因为它们都是缅甸玉石厂及其附近地区的天然品,没有进行过人工处理,初学者上当后与之论理,有苦难言,故之称之为"杀手"不为过分,以下依次说来。

杀手一　通明透亮的水沫子

在腾冲玉市场上水沫子历史与翡翠同样悠久，由于它通透感好，常有蓝、绿等色飘花，一般商家不识，易被其"斩获"。八十年代，我曾碰到一只老桩手环，其质为蛋清地、飘有寒星蓝花，年代久远的关系，使其表面布满划磨痕迹，由于我无心购买，对方索价28元。近年来又有人取了一对手环要我估价，说卖主要价800元，这是一对玻璃水飘蓝花手环，无毛病，若系硬玉，少说也逾千元。我接到手上第一个感觉就是份量不足，再看当中分布的"棉"，立即断定为水沫子无疑。最近云南地矿局职高的同学到腾冲实习，有两位同学问我"玻璃种的两个小佛像挂件大概要多少价？"我说若无毛病，一百元左右不会高。第二天他们就佩戴上了两个通明透亮的佛像挂件，并取下给我看说要三百多元，他们说卖方从保险柜中取出，打了包票是玉石，乍看起来跟玻璃相差无几，又温润，在场的老同学说是玻璃，有说是有机玻璃，有说是水晶，学生说卖主当场表演划动了玻璃。由于雕件较小，手感重量不明显，不借仪器很难断定。随后，有商人说这种雕件是在腾冲加工的，很多很多，两个学生也知被愚弄了，交了一次学费。

水沫玉

　　水沫子在腾冲、瑞丽市场很多，有各色样，敲出

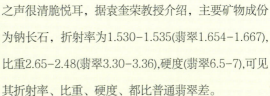

沫之渍

之声很清脆悦耳，据袁奎荣教授介绍，主要矿物成份为钠长石，折射率为1.530-1.535(翡翠1.654-1.667)，比重2.65-2.48(翡翠3.30-3.36),硬度(翡翠6.5-7),可见其折射率、比重、硬度、都比普通翡翠差。

水沫子此名是对它的外象特征的准确描述，就像小沟的水从高跌到低处，翻起的水花表面层的沫子，含泡沫分量大，没有翠性，细看结构的紧密度及光泽度都比不上正规翡翠玉种，当我们面对玻璃种，蛋清地的石料时，不妨首先怀疑是否是水沫子。水沫子制品有手环、小雕件和各种器皿，仿古杯亦不少。

杀手二　葱翠斑斓的"不倒翁"

葱翠斑斓的"不倒翁"一天我看见二个外地朋友从一店铺出来，一面走一面将手中拿的小挂件凌空仰视看著，远远地我也看到了那件通体绿色的挂件，走近后朋友递与我说八十多元买的，我告诉他这个不是正规翡翠，这叫不倒翁。曾有人取过一块欲卖于我，看起来象水石，没有老山玉的皮壳、外面是斑斑点点的葱绿，开价200元，当年是囊中羞涩，无法购买，并未识别出这种石种，后来又看到多个，有大有小，经多方请教才有识别，故《翡翠探密》中言："帕敢东北葡萄所产的葡萄石，汉语念为'不

不倒翁

倒翁'，是细砂组成，性质一般不过硬。但因色泽光亮，在经营中难以识别，容易让人上当。葡萄一名现今地图上都标有，在缅甸北边，迈立开江西岸靠近印度利多的地方，是当地名称的汉语标音，其标音近似"不倒翁"，故名."不倒翁" 在手感上与缅甸硬玉相当，有较好的温润感，在硬度上肯定不及硬玉，一个奇怪的现象是这种天然色的玉在滤色镜下发红，跟上色的玉反映一样，而且十分明显，这就为识别它找到了捷径.目前腾冲瑞丽市场上出现的有葡萄玉原石、雕件、手环、还有用此石做成镶口的玉石。

沫之渍

杀手三　花纹环绕的"昆究"

有的写为"困究"，系汉语记音名称。此石与水沫子一样，很早就进入边境市场，外形似水石，内部开有青色的带状花纹及较大的杂质，很温润，重量手感同于硬玉，目前市场已不多见，只有昔日遗留下来的原石，偶有流入市场鱼目混珠。近年的"玉石热"又唤醒了它，被新开采出来推向市场。困究玉外型似水石，因绿色出现的不多，故制成饰品进入市场的亦不多，受累的商家面就不大。

杀手四　沫之渍

翡翠市场上的一个庞大的族类，它的出现缘于世人对绿色的偏爱（严格的说是对目前翡翠引来的商

昆宪

业价值的钟爱），故投其所好，玉石厂就将这批带绿的石头挖出投入市场。其表现千奇百怪，主要特征都是绿，只是在质地上拉开距离，优质的水好，色浓，翡翠斑斓被制成耳片和镶成方形戒面。

绮罗玉——腾冲在清嘉庆年间伊文达发现的绮罗玉，制成的耳片，能把耳根映绿，且越薄越好看，以后在广东价格被炒得老高，称为广片，价格涨到万以上，因绿色纹较细无杂质，称为绸纹，云南玉石行家给它一个形象的称呼叫"虎皮"，就是针对绿形状而言的。

如果纹络不细，浓淡不匀，出现缺乏绿色的"真空"，即所谓的花状，则被称为"猫皮"，其价值与"虎皮"判若天渊，故经纪人有行话日："要虎皮不要猫皮"，若虎、猫皮上出现黑，又是死黑而非活黑（迎光透不开的谓死），商业价值锐减，而今进入

"不对桩"之列了。这种绿中出现有黑部分的石种，民间有"包玉"之称，是一种病态，如病入膏肓，则谓之"一包糟"，价值不大了。

沫子渍——沫子渍较多的是只有绿无水的"干三爷"，选购者多用它去亮做洗货，若质地灰暗，间有绿点或绿皮，则被造假者选去"穿衣戴帽"，做上假皮，光出绿点、绿面，冒充乌砂、帕敢石或高档货色，成为中缅边境玉市场黑社会的尤物。几年前有位朋友就买过一块黑头，外有绿点、绿面，滤色镜下看不出问题，是真色，但一剖开，完全是芋头梗，表面的绿点、绿面比纸还薄，里面有几点干绿，比表面差得多，因表面光过，上过油。这种绿石最低级的不如带彩的孔雀石，干得发死，其比重也小，有的又被制成手环，打入市场，给绿的追求者一个反面的吸引力。

在瑞丽、腾冲我见过成包的这种手环，有的由于略带水色，花纹斑斓，绿白相间，看着极似地球仪的颜色，大自然之力真是"造化钟神秀"，不得不让人偏爱，但此物目前不是稀物，价格就不能太高。此玉若用于充高档翡翠，则谓之"杀手"无疑。我在《翡翠探秘》中亦对此石做过记录："出一种泥玉，能现出二三处透光似深蓝色的地方，经琢磨，其皮似

缅甸杂石

石灰质，不知者信以为美玉，实则为泥玉无用。又有一种皮能生有绿欲称"彩带"的，但颜色"坐"不进去，此玉曾出自东募厂。"购玉者应对这类玉进行认真区别，且莫见绿就失去冷静的头脑。这四种玉与真翡翠之间有时界限不是很明显，似是而非，可知称之为"魔界"，以制成手镯而称雄的腾冲绮罗段家自璧玉，最早就是被人看成水沫子而不注重的，可见在它们的似是而非之间，确实存在著某种不可思议的玄机，让人发幽探微，并使人感到主观武断、盲目轻率的可憎。

第三章 物件选购

万元翡翠雕件的选择

对缅玉雕件的选择. 应分一般与特殊两种，一般的雕件是指石质普通，构思和做工简单，当然价格也只在几元、十几元、百多元，出价几百元的小雕件，应是有点特别，带几分"赌"性的了。石质优上，即真正的翡翠，再加之构思奇巧，做工精湛. 即是奇货可居. 有宝可夺的特殊雕件，一般人只知道好，而怎么好，就不得而知，至于价格更是"山神老爷的舌头——没塑"，凡夫俗子无法揣度。于是翡翠市场上崇尚"财运"一词，赵公元帅给它笼罩上了神秘莫测的色彩，似乎天机不可泄漏。无论你才学多深、资历多厚，也无论你是个美学家或有文学造旨的人，更无论你是搞地学的，天

天与矿物打交道都不敢妄称十足把握。在翡翠市场上更是金钱冷酷，世态无情，大家虽然都熟悉"王小二卖瓜"的哲学，把自己的东西吹成一朵花．把别人的说成豆腐渣，可事实偏偏以谁卖了大价，赚了大钱作数。这里我们所界定的是正当的交易，没有仁爱的买卖不属此范围。

对这种特殊雕件价格的认定，除读书学习外，更重要的是市场实践，对此我有一点亲身体会，有意奉献给读者。

1995年12月中旬的一天．我到腾冲珠宝交易中心拍照．对象是该中心的人文场景及交易实况，不多久就快拍完一卷，还剩下几张．我准备照几件雕

松下问童子

刘海戏金蟾

件。由于我只有个理光5的相机，配有一个几十元的近摄镜，更由于我近年才搬弄机子，很不入门，以前照的雕件. 大一点的马虎可以过去，小的多系失败，另外，就是好的东西太少太少，莫说拥有，就连一睹的机缘也没有。我逛了一阵，突然发现一珠宝店玻璃橱窗下有一白菜，此白菜仅有二筒135胶卷接起那么大，像剥过几层叶子，仅剩菜心与一点菜叶子，但绿白分明，比真实的白菜还真实，我问店主可否照相，店主说已经售出，现替人代售，等问一下再说。几天后，我又去看，发现此白菜已移到另一店中，店主说是他雕的，买料5000元，别人以7000元购下，又托他代卖，店主还说有人要请介绍，大概赚个一、二千元就差不多了。对这种七、八千元的东西，我也嫌贵，只有照相欣赏的机缘。对这棵白菜，有知情者说，摆了几个月了，无人问津，大概市场不够景

淡紫罗兰花醺摆件

63

朝朝暮暮 杨树明 作

气，或是白菜太多的原因吧。

　　这张照片拍后，又有一缅商邀我到他店中，从暗楼上取下二个雕件，大的仅有手拇指一般宽长，薄得不到3mm，周围是黄褐色的"雾"，里为翠绿，被雕成数个铮亮的葡萄，外面是黄褐色的叶蔓。另一件特小，仅雕成一瓜果。两件东西通透、石性小，带有"化"气。缅商说雕工一千，市场要价18000元。

　　由于我的机子一般，照时未做辅助工作，照出的片子，看起来一般但却接近本体。几天后我又到交易中心，被一有名的玉商叫住，他说刚到腾冲，与一伙外地人士一起买了一颗白菜，15000元，这颗白菜太逼真，太满意了。我一寻间正是我照那颗，我说这白菜摆了好几个月了，无人赏识，他说白绿不但分明，无一点脏色和毛病，在国际市场上可卖到1万美元。我说某店中还有几颗，他说，不行，纯净程度弱。这几句话就决定了几颗白菜的命运。高层次的翡翠制品及艺术. 大体看似差不多，就那么一点不同，差之毫厘失之千里，一个打入冷宫或死牢，一个受到赵公元帅的青睐，一荣俱荣一损俱损。翡翠市场上有句俗话说："卖货的是痴子，买货的是疯子"，真的痴子和疯子能玩几时，能闹腾几年，只有真正搞通点艺术奥秘的人，才能不断的"痴""疯"出点名堂来，成为人们所说的有财运的人。

铁龙生花卉透漏雕摆件

秧苗绿耳钉一对
估价逾5万

　　玉商们高兴之余，我说还有二件，我看价值胜
过白菜，对方一听即请我去取来。我将二件东西
送上，才一出手，对方立即全神贯注，顿时鸦雀无
声，几分钟后他问价，我说18000元，他要我将货主
请来，货主到后说就这个价，他说最多一万多元，
货主说只能让几百元，最后他说等考虑一下再说。
货主走后，一伙当地玉商及与玉商同来的人，竭尽
攻击之能事，都说薄，无大价值……

　　晚上我拜访这位玉商时，他也说太薄，大概只值

洗

秧苗绿戒指

8000元。第二天那位玉商突告知我已经成交17000元．并说小的那件质地胜过大的。

此两件东西系在腾冲雕，也卖了一段时间，出价只在万元左右，仅有一广东商人出过15000元，它们在玉的质地上胜过白菜，碰撞时发出悦耳的金石之声，无毛病无绺裂，近似化学烧料。

这两件雕件能被人发现买走，主要是质地优上，

翠绿耳坠一对
估价逾8万

另外一些雕件，做工很高，但质地一般，便成了店
中的"黄花闺女"，因为它们的雕工不仅是与玉等
价，有的已大大超过，这样就等同于国内的一般玉
雕了，有的玉商说，如果不是翡翠雕件，那么雕工
优上的扬州、河南玉雕决不会被挤开，故有一说法
叫"买玉不买工"，雕工优秀的作品被商人放弃，
信奉的条律即如是。摩傣老师又说，也不尽然，在
一次展销会上，有一枯蒿褐黄玉雕成一片海棠叶，
石中发黑发死的部分雕成被虫吃去的叶肉，黄褐部
分雕成叶脉，一举夺魁. 创造了奇巧构思取胜的先
例。人们在玉的质地上追求美与在雕刻上追求美完
全是同步的。

红翡戒指

镶钻翠绿戒指
估价逾85万

　　翡翠戒面的选择应注意色、水、形等方面。

　　色最好的要求是要"浓、阳、正、均"，一般行业上流行说的"正阳绿"，当然很好，有初入行者，动辄以此为要求，是很不切合实际的，莫说这样的色很难找，就是找到了怕也无条件购买，正阳绿的一颗20多毫米长，10多毫米宽的戒面，价格不会低于十数万元，如果种水都上乘，数十万上百万都有可能的。当然戒面的绿最好的还是四种即秧苗绿、苹果绿、翠绿、祖母绿，达到这四种色的戒面，而且有较好的形状，性价比是很高的，当然购买起来价格也会看好。过去我总是强调怕价格买

玻璃地起荧戒指，估价逾20万

高，有位有经验的翡翠购买者曾对我说，这样的戒面就是好嘛，就是值几十万嘛，因为货色是决定着价格的。

除高色的外，大量的翡翠是有些偏色或其它色调的，如偏蓝、豆色、油绿、油青、紫罗兰以致红翡等，都是有一定观赏价值的，一般购买者不要奢望过高，要注意结合自己的经济基础考虑选择，不能弄成"高不成，低不就"。

近年来，还有种水好的无色戒面，很新潮和走俏，特别是荧光较强的，简直与高色戒面相媲美，这种"无色胜有色"的装口，价格也跃到了十多万、数十万的行列。

戒面的形状最好的是鼓满的、蛋形的，一般自由形、不对称都影响其价格。

镶钻翠绿戒指
估价逾220万

　　看戒面得注意两个方面，一是坐水和罩水，坐水是摆起来看即平放着的水头，罩水是迎着光线看即悬起来看的水头。有的戒面坐水好罩水不好，就是色力弱，只有坐水、罩水都好的才叫色力强。二是乍相和慢相，乍相是乍看起来、晃眼一看，似乎较好；慢相是细致的、慢慢的看，觉得好的。这一点和看所有的玉件是一样的，即耐看的比乍看起来好的要高出好多筹。

翡翠手镯的选择

缅玉手镯，坚硬，光洁度佳，色彩缤纷种类多，目前在国内市场有一定销势。佩戴手镯不但美观大方，还具有一定的财产性。手镯由于在取材、制作上有一定的艰难度，故其价值一般高于同等玉质的花件。手镯的选取条件与其他玉件大致相当。但也存在一些差别，下面结合亲身经历，从几个侧面谈谈。

走马观花

走马观花这个成语意为大体的浏览，言其作风马虎草率，只看个大体，此种作风不能用于相玉上，但我取其另一寓意，将之用于选择手镯的条件上，即走马即能观到"花"，也就是瞬眼间即能看到手镯上的花纹，我认为这是手镯美与否的重要因素，即装饰审美观在手镯上的运用。云南大

糯玻地飘蓝花手镯，估价逾35万

理石的价值也就反映在其花纹上，有花纹的被选用到围屏、桌、椅的装饰上，故大理地区流行的缅玉手镯即是带花的。看青苔色手镯，此种玉一般出自老厂，种老、绺裂少，但色泽发暗，令人有沉闷之感，故此类手镯一般不够走俏。有人认为墨色手镯能卖很高价，从审美角度看不够现实。

糯冰地飘翠手镯
估价逾25万

有的手镯由于种质一般，甚至低劣，故只能称带花。只有种质优上，清初明净的手镯，其上出茴香丝、芫荽丝、荸草丝的花纹，好似出于清水河中，才能称为飘花。全美的飘花手镯，价格一般以千元为单位，数百元能够买到的，除偶然之外，一般都有些明显毛病。有人以一千元买到两对飘花手镯，因两对均有黑点，身价才降低下来。

佩戴着带花、飘花手镯，能远远地让人看到，很漂亮。手镯上出现黄、红等色彩的，只要红黄得正，颜色不呆滞，都可列为选取对象，其原因正在于有花纹。带绿的手镯，绿越多越佳，相比较花反而处下。

吹毛求疵

吹毛求疵是说矫枉过正，过份挑剔毛病。毛即是毛病，疵即疵暇、缺陷。有的手镯有明显毛病，主要是绺裂，从照片上亦能看到，其价格每对只能在150—500元之间，很多初学的朋友，能以较低价格购到种质较好的手镯，一般都放弃了对绺裂等毛病的把关。毛病有绺裂，拿到手上10秒种内能立即看出的，比较明显，称为大毛病，10—30秒以至一分钟反复才能看出的，比较隐蔽，不是大毛病。

　　出现色根及色彩明显交汇的地界，一般会伴随出现裂纹，色纹与裂纹的区别，可迎着太阳或灯光看，在强光下，纹路消淡，甚至不复存的，色纹的可能性大；纹路明显不褪的极可能是裂。裂纹立性比卧性危害大，垂直于手镯平面的裂纹，称垂绺，若达到圈匝一半以上的，头脑中应有红灯讯号，除非绝色美玉可改制他物，绝不能问价。卧绺，是平行于镯面的裂纹，其危害虽不

糯玻地蓝花手镯
估价逾25万

紫罗兰手镯一对，
估价逾80万

糯冰地绿花手镯一对，
估价逾150万

及垂绺大，但若在0.3—1厘米以上，瞬间看到，
也影响了价值，除非种色俱佳，一般也应放弃。

　　属于疵暇的有脏、黑、棉等，腾冲玉石老
行家形容好的玉件要"飘洒活放"，不能痴
呆、木、澄，看着要明快。黑、癣在玉首饰中
很忌讳，特别是呈烟屎状的黑、癣，无前途可
言。棉在一般手镯中不过分忌讳，如人们形容
的稀饭、米汤底等，但如果呈"糟"状，即若
干细裂交叉，俗称"一包糟"，则为大讳。

　　阴阳指两只手镯大小，质地不同。不
规则指一只手镯，一头粗一头细，一头
厚一头薄，一段方一段圆，都影响其价
值，尤其后者，应列入"不对称"之列。

　　如果以上讲的是小处着手，具操琴之心外，大
处着眼，即是从战略上观察决策，具剑胆之举，应

糯冰地紫罗兰飘翠手镯，
估价逾120万

糯地蓝翠手镯，
估价逾40万

摈弃假、伪劣的，求真善美的。选取手镯的大处着眼，小处着手，操琴之心舞剑之胆，就是这么相辅相成，缺一不可的，须不断用心掌握，正如诗人发现好意境的过程那样"众里寻它千百度，回头蓦见，那人正在灯火阑珊处"。

糯地带绿花手镯
估价逾30万

第四章　翡翠经营

估价

　　为正确地给玉估价，必须掌握绿色的程度和色力、种份，因翡翠的商业价值就体现在绿色上。

　　绿的程度分四个等级。

　　超高级绿：

　　最好的又被称为"蓝绿瑞"，其色比秧草绿还强，一粒戒面数百万；其二是生洋豆，价值上百万；三是艳水绿，价值接近百万。此三种绿可列入超高级中。

　　高级翠绿：

　　中级绿中稍夹蓝。

　　一般绿中显黑，绿中夹过多蓝色，绿中显灰。

　　色力分四个等级：

　　高级摆下看、悬空看都浓艳。

　　中级摆下看浓艳，悬空看浅淡。

　　一般级摆下看不太浅淡，悬空看浅淡。

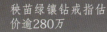
秧苗绿镶钻戒指估
价逾280万

低级摆下看浅淡，悬空看更淡。

种份分四个等级：

高级半透明以上，质地细、硬度高。

中级半透明质地坚实。

一般接近半透明，质地一般，略有夹棉。

低级微透明，质地差，夹棉多。

如果将翡翠成品分为档次，根据货币数量分为以10万元为单位的超高档，万元以上的高档，以千元为单位的中档，以百元为单位的一般档，以十元为单位的抵挡，一共5个档次。

三个方面各四级共排为64种组合，实际可能存在20多种，把这些组合投入5个档次，虽然市场情况变化很大，但其大体估价相差是不大的。下面罗列的是粗线条的投档方式。

紫罗兰玉璧

超高档：

色的纯正超高档，色力高级，种份高级。

高档：

三个方面都是高级；两个方面高级（含超高级），一方面中级。

中档：

一方面高级，两方面中级；三方面中级；两方面高级，一方面一般。

一般档：

两方面中级，一方面一般；一方面中级、两方面一般。

低档：

一方面中级，两方面一般，三方面都是一般。

福寿如意坠   福寿如意坠

嵌祖母绿金枝玉叶结
估价逾180万

翠绿胸坠估价逾180万

淡秧苗绿大肚佛
估价逾20万

　　种色均好的玉料不多，制作者多将其用于戒面。种好色次的玉料不少，正是手镯的取材范围。所以对于手镯，只要种好、底障洁净，三色、五色、绿丝、绿片、蓝花都算好货色。

　　一个老山玉，皮壳之下到处显绿，应注意其假，因为这样显绿的老山玉是极其稀有的。一件玉器通体显绿，呈现均匀的地张的绿色，应该注意其假，因为玉之真色是自然之色，不可能这样均匀刻板、毫无瑕疵，成语"白璧微瑕"就是这个意思。补充绿色，似乎有了自然感，但由于化学药品、电压影响，透明度虽好，但质地总有变异，如果是成品，从补色面的背面悬空望去，补色部分的绿色有空泛发泡不正之感，与玉之绿色不同。经营者应认准真色的范围是逐步扩散的。认准玉石绿色之真，才能否定人工假色为伪。

讲价

　　经营中的另一个重要问题是讲价，怎么讲价呢？一是拿准当时的行情销路，二是对交易的玉料有全面了解。买方应尽量找出并强调玉料的缺点和不足，使对方不能过高索价。售方必须尽可能找出并强调玉料的优点，针对买方找出的缺点，提出回避缺点的使用方案，增强对方购买的信心。老练的玉商当你出不到价时他总是不肯卖的，只望你不断提高价格，他抓准你需要的特点拖下去，直到你不耐烦离开时他才看你已上钩，突然宣布卖给你了。如果你心中无数和拿不准行情，就要吃大亏。

　　至于购买者，当看到一个玉件时，要先调动自己所遇到过玉件价格的知识，不厌其烦地将这个玉件翻来覆去地看，进行反复比较，找准它的优缺点。首先确定要还是不要，如果确定不要，则不必问价，将玉件交还即可；如果确定要，在对此玉件有个基本估价时方可问价。当对方标价后，你不要管他有多高，不要听他的买价是多少，别人给过多少，更不要去顾及什么"家中珍藏""传家之宝"一类的话，也不要去听什么"等着用钱"、"开个张"一类的话，你面对的玉件才是真正的对象。当你对玉件有了基本了解后，你再冷静确定此玉最多值多少才有赚头，高了就不行，然后从较低处开价，再视对方反应，逐步加其价值的1/20~1/10,到了最高线后即必须停止，如对方不卖，可搁置一小段时间，考虑一下再说。

某人在购一双手镯时，售方提出少了900不卖，

他先给700，后添到800，对方仍不卖，如果再添则上当，其实此货系从柜台上取去，抬高价至700,500左右即可买到，如果只看售方执意不卖就盲目加价，三档加价已超出对货的估价，加的幅度太大，须知"经纪无戏言"，最终只能吃亏上当下不了台。

有经验的人则全面估价，实行"一口价"，即一次给价到位而不再加，杜绝了对方的花言巧语，是成熟的表现。正确给价后，对方不卖即离去的"开路"法正是对付索价者的有效措施。最忌在对方花言巧语下，只想好不想坏，只想发财，不想失败，一瞬间头脑发热，执迷于售者散发的甜言蜜语中，

做出盲目决断，结果抱恨终身。

　　有经验的购买者，新来乍到，第一招即"火力侦察"，在市场上，他是位"挑嘴"的食客，挑肥拣瘦，忽要这忽要那，不是这里不好，就是那里残缺。国际市场上有句名言："没有不刁难的业主，只有无能的承包商"，使售者疲于奔命，感到厌倦，搅乱预先的部署，失去方寸。第二招即是出示已购到的廉价商品："你看我买这么好的货才几十元,你的怎么这样贵？"其目的仍是要在心理上战胜对方。第三招即是要对方将所售的东西全盘托出，以便排列比较，口中总在唠叨什么"丑啊""毛病啊""不对啊"。心中已在算计着如何将其攫取过来。第四招是在漫不经心的问答中，从逻辑上拿住了对方的虚实，如售方价格突降，大大超过正常线，则是做假或其他问题的先兆。老练的购买者还会应用"声东击西"的办法对付卖者，当他看中了卖者的一件玉器或石料后，故意做出三心二意，不想要的样子，将其摔到一边，去谈他认为不合格的玉件，与卖者忽高忽低地讨价还价，偶尔又放出话说："就这看中这一件，其他都不看中"等，不断地麻痹对方的注意力，等到对方筑起高高的"防线"快临崩溃时，他又轻描淡写地询问一下

红翡，名士游山，山子

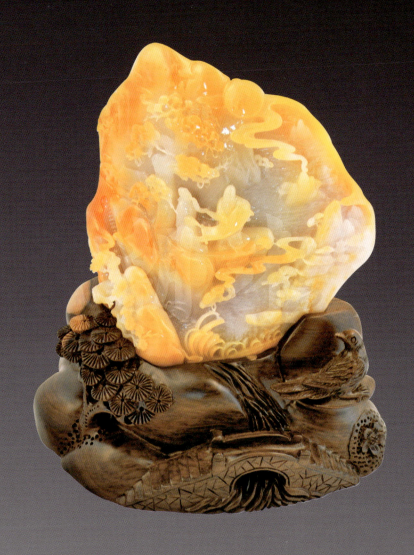

紫罗兰如意

"猎物"的价格，瞅准对方松懈的一刹那间，突然进攻，快刀斩乱麻，一锤定音。有的购买者还会应用"模糊数学"，面对数件玉器，先一一问价，一一给价，当对方不答应时，又问一共多少价，等卖者费力算了一通合多少价时，他又突然说只要某一件，值多少，对方在其疲劳战术下，只有招架之功，被"算"个昏头杂乱，使其乘虚而入。

　　玉石行中某种程度是需要冒险的，有句话说此行"不富老年人"，60岁超外的人，经验丰富，见多识广，但墨守成规，不敢冒险，虽不致于倾家荡产，要想突破也就难了。年轻人，经验有一点，再加上敢撞，初生的牛犊不怕虎，就容易被赵公元帅所关照，当然这里面也是有风险，正所谓"胆大过了杨子江，胆小死在炕头上"。与其说是命运、机遇的光顾，不如说是智慧、毅力、胆量、心理学与人的素质的较量。

　　翡翠交易中谁能说准十步以内没埋伏？百米之中无杀机？人们所说的商人的精细、机敏，在翡翠行业中才得到信服的验证。

糯冰地，
地张色大肚佛

花篮

收售奥妙

在翡翠制品的销售中，非常讲究色泽的搭配及其依托，同样的商品，有的容易售出，有的得到高价，相反有的成了"媳妇熬成婆"，即使售出，也是"赔了夫人又折兵"，这里面就有经营的无穷奥妙。对一些走运的经纪人来说，与其说是货好，不如说是善"假舟楫"罢了，下面分几个主要方面来谈。

比较有经验的购买者，到达购货地后，大约有

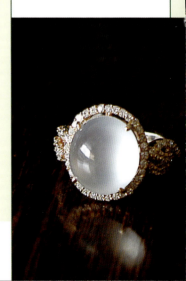

巧色鹦鹉牡丹

三天时间不够货，只观察，在将各种货色都浏览之后才决定勾取对象。除新到异地必须更新标志（货色、价格），更重要的就是对商品进行排队，一比一排，百里挑一，"出击"就较为准确。同时由于时间关系，可以逐渐洗掉原地区的一些旧标准，确立新标准。有经验的购货者还会要求售者将所有商品摆出，进行反复比较，这正是"比较是识别受骗"的运用。而有经验的售者则不这样干，而主张

"散兵游勇"式，他既不摆摊陈设，又不合盘托，只在恰当之时将一二种商品"亮相"，此法正是对上述购货法的"反击"。新来乍到，他的商品突然推出，使对方措手不及，来不及比较，便产生喜好而出价，极易上当。有的购货者往往手戴一只上色的戒面，用以对付那种"散兵"，两者一相比较，相形见绌。有的商品单独出现时，其色又艳又绿，当摆到另一上品跟前，则淡然失色，似乎原来的优点都不见了，这就是比较的作用。

搭配正是由于上述原因，售货者掌握后进行运行，"反其道而行之"，应用"对立"的原理，将相反色泽配制在一起，如同一玉器中出现红绿相间，绿白映衬，由于其光谱、折光度不同，互相反衬，使红者愈红，绿者愈绿，白者愈白。这一原理应用到商品出售中，就是在一块纸板上钉上不同色彩的玉器，全是蓝色的挂件中放一红色挂件，使其骤然生辉，使蓝者愈蓝，绿者愈绿。

依托是玉器的一种摆置办法，绿色的戒面放置到红纸上的雪白棉花中，易见其好，所以凡手镯、挂坠都装订在白纸和白布之上。在摆设时，将商品陈列在红色丝绒面上，其色也是很显的。黑色由于不反光，一般不用做依托。有的虽黑但油亮，偶尔也

用于陪衬。

翡翠交易，特别是稀世珍品的买卖，都有很大的风险，因翡翠是一种最难识别的宝石，交易中稍不留神就会倾家荡产，要注意的问题很多，最要紧的是：

掌握信息

翡翠市场行情虽不是瞬息万变，但也常变化无常，购者不能埋头购买，必须了解行情。例如1985~1987年行情好时，有人形容说"鹅卵石都可以

糯冰地双螭虎璧，
估价逾10万

卖"，后来翡翠大量开采，供大于求，厂家库存大量积压，台湾、香港商人将卖不出的玉料及成品返销广州、昆明甚至中缅边境，至使1988年下半年以后国内外经营珠宝玉石的厂家纷纷倒闭。

不走老路

不要以买卖了一次好价钱的经验去类比下次。有人用低挡玉货，卖给不懂行的人（这种人常充内行），卖了好价，即以这块料的经验，去买这类料，不惜再出高价，结果吃了亏，这种称为"瞎子买来瞎子卖"，在玉市场是常事。有一个人因买了一块乌砂玉发财，第二次即以"乌砂大王"出现于边境，见到黑皮乌砂就买，结果买了近百万元的乌砂玉，以后售出，回笼资金不到成本的1/10。乌砂玉多带灰黑，水不好，只能用有色处，不能用色以外的部分，且大多数乌砂绿不集中，呈星点状分布，很难使用，故购此玉要加倍小心。

既买玉又买工

对一件翡翠雕件，其质是体现在料与工两个方面。玉料优质雕工上乘的方具有一定的价值或保值性。

有许多翡翠雕件，做工很高，但质地一般，便成了"黄花闺女"，因为他们的雕工不仅和玉等价，有的已大大超过，这样便等同于一般的玉雕了。人们之所以偏重翡翠玉雕，就是看中了它优秀的质地，否则国内许多软玉雕刻作品诀不会被挤开，故有一说法"买玉不买工"。雕工优秀的一些软玉作品被商人放弃，信奉的条律即如是。但也不尽然，在一次展销会上，有一枯蒿的翡翠黄色玉被雕成一片海棠叶，石中发黑发死的部分雕成叶脉，一举夺魁，创造了奇巧构思取胜的先例。人们在玉的质地上追求美与在雕刻上追求美完全是同步的。

吹毛求疵

吹毛求疵是说矫枉过正，过分挑剔毛病。只要人处于心态正常时，对翡翠之类的高级制品，还得吹毛求疵。毛即是毛病，疵即是疵瑕缺陷。

很多初学的朋友，能以较低价格够到种质较好的玉件，一般都放弃了绺裂疵瑕等毛病的把关。

毛病有绺裂指裂纹，拿到手上马上能看到的比较明显，称为到毛病，反复审视方能发现的，比较隐蔽，不是大毛病。

出现色根及色彩明显交汇的地界，一般会伴随出现裂纹。色纹与裂纹的区别，可迎光透视，在强光下，纹路稍淡，甚至不复存在，色纹的可能性大，纹络明显不褪的，极可能是裂。

冰地飘绿花手镯，
估价逾60万

糯地龙牌

满色观音

虎皮方胸牌，
估价逾8万

春带彩福禄寿三星

裂纹立性比卧性危害大，横竖于手镯平面的裂纹，称垂绺，若达到圈匝一半或以上的，头脑中应有红灯信号，除非绝色美玉可改制他物，绝不能问价。卧绺，是平行于镯面的裂纹，其危害性虽不及垂绺大，但若长度在1cm以上一瞬间看到，也影响了价值，除非种色俱佳，一般也应放弃。

属于疵瑕的有脏、黑、棉、锈等，腾冲玉石老行家形容好的玉件要"飘洒活放"，不能痴呆、木、澄，看着要明快。黑、癣，谓之死黑，无前途可言。棉在一般玉件中不过分忌讳，如人们形容的"稀饭""米汤"底等，但如果呈"糟"状，即若干细裂交叉，俗称"一包糟"，则为大讳。

阴阳指两只手镯大小、地质不同。不规则指一只手镯，一头粗一头细，一头厚，一头薄，一段扁一段圆，都影响其价值。

走马观花佩戴手镯不但美观大方，还具有一定的财产性。手镯由于在取材、制作上有一定的难度，故其价值一般高于同等玉质的花件。

走马观花这个成语意为大体的浏览，言其作风马虎草率，只看个大体，此种作风不能用于相玉上，但可取另一寓意，将之用于选择手镯的条件上，即走马即能观到"花"，也就是眨眼间即能看到手镯上

糯玻地项链、戒指、
耳坠一套

的花纹，这是手镯美之与否的重要因素，即装饰审

美在手镯上的运用。云南大理石的价值也就反映在

其花纹上，有花纹的被选用到围屏、桌、椅的装饰

上，故大理地区流行的翡翠手镯即是带花的。

其"花"出现在不同玉质的手镯上，又分为几种等级，种质优上，清澈明净的手镯，其上出现茴香丝、芫荽丝、荦草丝的花纹，好似出于清水河中，称之为飘花手镯，全美的飘花手镯。价格一般以千元为单位，数百元能买到的除偶然之外，一般都有些明显毛病，如断裂、墨点等。

质地一般即种水较木的手镯上，出现各种花纹的，称之为带花手镯。全美的带花手镯，价格只在四五百元左右，如果再有杂色和毛病，其价格就更低。

佩戴着飘花、带花手镯，能远远地让人看到，很漂亮。特别是前者叫飘洒活放，很具灵动。手镯上出现黄、红等色彩的，只要红黄得正，颜色不呆滞，都可以列为选取对象，其原因正在于有花纹。带绿的手镯，绿越多越佳，相比较花反而处下了。

以柔克刚

某甲售玉，买主拣了4片问价，还价80元，卖主丝毫不讨价，手一挥表示"拿着去"。某乙售一饭团石（指玉形状），解口蓝得不清爽，买主当场开价1200，不卖。第二街又去卖，对方摇头不要了。这就是前者到快，后者刀钝。某丙买一雕件，绿得不正，对方索价5000，他还价4000，对方"卖给你

满绿

"一声，推到山压倒箐，丙置货在手，左看右相，脸上沁出豆大的汗珠，下地无门悔不当初，幸亏他不愧商场老将，急中生智，先说："我带的钱是假钱，要不要"，对方斩钉截铁"要"，第一招失败。又说："你讲的是港币还是缅币"，对方厉声喝道："不要开玩笑拿钱"，丙看推不过去了说："我找伙计商量一下"，然后抽身溜之大吉，这叫快刀砍在软绵上以柔克刚。

如果在识玉上需要剑胆琴心，那么在经营中则离不了审时度势。

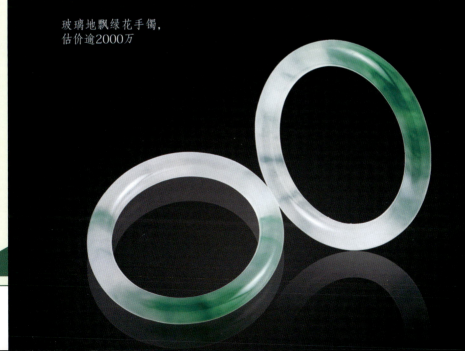

玻璃地飘绿花手镯，估价逾2000万

行话

提高身份类

黄金有价 玉无价黄金可以用重量计算价格，翡翠高档的1两值50两黄金，一粒小指头大小的戒面价值50万到125万。有时是用重量来计算的，但无固定价格，因其差距太大。

神仙难识寸玉 一般情况而言，玉是可以识别的，也是有一定规律可循的，特殊情况下则不然。即使是一寸长的小块玉，也难识别。

艰难困苦玉汝于成 意即艰难困苦中才磨练出玉，这话从北宋哲学家张载《西铭》中的一句话演变而来，"富贵福泽，将厚吾之生：贪贱忧戚，庸玉汝于成也"。

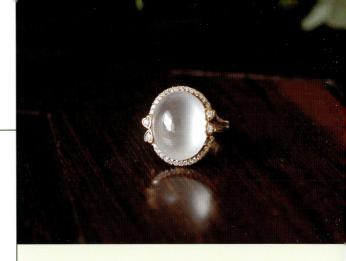

一刀穷二刀富　一刀解后虽不理想，即不能盲目否定，往往在第二刀解后出现了绿，说明对一个玉石不可轻易否定。

识别类

石不欺人，只是人哄人

玉料内部的好坏价值，一定程度在外皮上有反映，可以通过表象识别内部，要通过认真分析，排除人为的做假，故又有"只有背时的人，没有背时的货"的说法。

多看少买多磨少解　由于翡翠难于识别，不是高手的人，要多实践多观察，少去买，以积累丰富的经验。一般人拿到玉石，要多观察，至多磨开外皮观察，不要轻易解剖，否则一刀就完了。

宁买一线不买一片　"一线"即指带子绿，有伸延展的可能，带子绿比较可靠。相反软带子、散带子，色致气衰行进无力，与地障界限不明显，绿色如飘似散、似有似无、不像有"一线"的硬带子色浓气粗，行进有力，与底障界限清楚，具有伸展性。

宁买十鼓不买一脊 "鼓"就是绿色突出明显，"脊"是在玉的突出部分才显现一点颜色。不少的玉绿色只在表层，如果再行进无力，就大有消失的可能。

十买九亏十解九折 指好玉太少，有10%的把握就不错了。

三双金眼三双银眼三双捣瞎眼 指百货中百客之意，有识货的也有不识的。

糯玻地戒指，
估价逾8万

　　有眼不识金镶玉　言其有眼无珠不识宝。金镶玉来源于"和氏璧"被制成传国玉玺，并镌刻刻"受命于天，既寿永昌"八字大篆。到了西汉末年，王莽篡位逼太后交出传国玉玺"和氏璧"，太后怒斥王莽，并以玉玺相掷之，使"和氏璧"一角残破。后用金子包镶，以此又引出了"金镶玉"的佳话。

　　龙到处有水　一般指绿色所到的地方，其地张、水都会好，相辅相成。

　　外行看色内行看种　"种"是衡量翡翠质量的优劣的一种说法，指玉质的粗细、透明度强弱，上品为老，次者为新，老种加工后色调更好，相玉应在种好的条件下注意绿色。

茴香丝放堂 也有做"茴香丝放糖"的。是指玉中的丝纹绿虽然很细很少，但它的绿色能将周围照射亮堂、均匀，使整个玉件现出漂亮的绿色。

老龙石头上出高色 种质好、硬度高的玉石，出现高色的可能性也大，高色生在铁化水的质地上，形容为"火亮虫"，价值很高。

瞧起来一片黑照起来汪洋色 即所说的罩水好，摆着看是油黑的，抬起来用光线一照，即绿如汪洋。一般指墨绿玉西装蓝，油青色也有这种情况，又叫瞧起来一锭墨。这种色调的翡翠过去欧美比较欢迎，价格也不低，用以制作戒面、十字架装饰。

绿随黑进 或称绿随黑走，是说有黑是不好的，它影响了绿色，但有黑又好，因为黑的存在使绿有了来源与发展的可能，还有活黑与死黑之分，活黑经加工后随成品的减薄而转化为黑绿色甚至是艳绿色。

鹦鹉站在海粪上 是指整个玉都黑似窑烟，但就有那么一星半点高色的绿，就这么一点抬高了整个玉的价格，同时说明黑色的玉并非绝对就不可靠。黑玉一般种质较老、结构致密。此种玉俗称海粪仙姑。

狗屎地张出高绿 因玉中出现绿色浓艳，原因在于含铬量高，伴随含铁也高，铁受氧化则易出现狗

满绿高档手镯，
估价逾6000万

满绿高档手镯，
估价逾6000万

屎地，故狗屎地色的皮壳，里面往往出现高绿。

交易类

标价 标价是经纪人对玉石价值的初步估价，有的与商品的真正价值走得很远。一般都是过高，极少数标得太低的属于偶然，在标价上大有漫天要价之味，它与商品的正价有时出入十倍百倍，当然也有的接近正价。

开价 当购买者向卖主询问了商品的标价后，卖主就要求购买者开价，就是"就地还价"，你给多少钱之意。如果说标价可以由行家或成本先定下，不费什么心思的话，开价就打费神思了。在不长的时间内，对商品的结构、质地、水色、形式这

些都必须准备认定，输入自己的"电脑"，然后调动过去经历过的情况，最后经你的嘴输出"电脑"计算结果。如果不是这样，而以平常生意场上的百分比率，以10%或20%开价，那就糟了，有的标价1000，还价100就能成交，实际上10元都不值。在开价上是非常考验人水平的，卖者通过你的开价能准确判定你是"行家"还是"水客"（指不懂行者）。俗语"杀水客"，就是指卖者判断定你是水客后，就可以大胆愚弄、欺骗你了。

桩口

指玉商所需货物的品种，即所指的适销对路。桩口是玉商根据市场需求关系，所提出对玉货种类

雄霸天下

的要求。如有的商人要毛料；有的要成品，有的要花牌料；有的要满绿，有的要紫罗兰，有的要西装蓝。如一段时间日本行销紫罗兰玉石，一段时间美国又需要油青色玉，这种要求称之为信息，掌握了信息也就掌握了桩口。有些平时不行销的玉种，一段时间又风行起来，正所谓"货卖要家"，可以尽快出手，相反有些货虽然也好，但不合桩口，就被搁置起来。

不对桩

是行家用以否定卖者商品的常用语，既文明又礼貌。当你询问了一件翡翠制品的情况后，卖者十分热情地介绍了一翻，甚至大吹特吹，把老母猪吹成貂蝉，当他要"说个价"时，如果你胡乱说不好，又伤了人家的自尊心，开价吗又拿不准或有顾

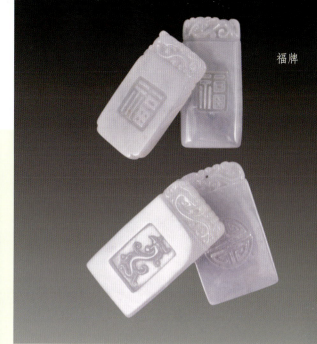

福牌

虑，这时只有用"不对桩"加以拒绝，表示卖者的货，我不是否定、看不起，而是不合乎要求。这比你说"不要"要高明得多，"不要"可能意味着你是"参观团"，有意捉弄对方，还可能因为你无心购买，好货就被隐藏不露了，这样你不但找不到卖主，连好货也见不到了。

宁买绝不买缺

玉市场上某些商品突然成了热门货，被一抢而空，价格又不断上升，一时成了缺货，如果购主一定要买这种货，就得花很大本钱。这种货虽然一时缺乏，不过是暂时现象，因为其他货主正在组织货源，很快就会大批量投入市场。有经验的人会看到这一点，宁可不要，而不提高成本的。相反有的货则不是缺，而是绝，不再有了，商人如何搜枯拉肠也无法找到了，哪怕价高一点，买下也是值得的。

三年不解涨解涨吃三年

商场上有"三年不开张，开张吃三年"的俗话，言及靠偶尔的暴利过活，可维持很长的时间。翡翠行业上将"开张"换为"解涨"，意即长时间不解翡翠，价格反而会上涨，就是拿不稳翡翠质地时，最好不要解剖，这样卖出尚可赢利，拿稳它的质地后就可以大胆解剖，这样"解涨"后可获暴力，以后维持三年生计不成问题。

好货富三家

言及好的翡翠可以不断转手获利。第一次购买到的人，以低价买进高价转手售出，富了第一家。够到的人解剖开果然表里如一，甚至里面更佳，这样以其中一片售出即可回收本钱，其余若干则为利润，富了第二家。购到解剖的片玉的人，再以之相形色制成翡翠制品若干，其中一项则获利，富了第三家。购到好的翡翠制品的人，再异地售出，价高十倍，这样致富的就不止三家了。

买到头卖到头

是指为获取大利，到源头买货后直接带到收货者那里交易，减少中转环节，直接掌握了购销行情。

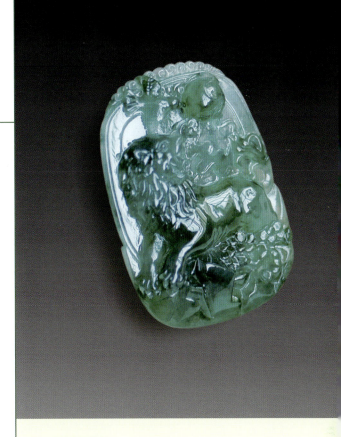

货到地头死

是指大家都将货带到直接收购者的地点，有时由于货多，购者进行比较，好中挑好，甚至故意压价。售者迫于长途跋涉，时间的耽误，不得已低价出售货物。

加钱不如细看货

购者一眼看中货物，出价又不被售者接受，就盲目加价，有一元一元的加，甚至有100、500的加，注意力只在讨价还价上，放弃了对货物好坏的钻研。其实有些货物只要认真细看，越看问题越多，

进而对起初的看法进行否定，有些货经细看后确实很值，就用不着闪烁其词了，应尽快夺下。

买者如鼠卖者如虎

买者不知底细，必须小心谨慎，步步为营，摸着石头过河，方能拿到对方的虚实。卖者知道底价，张大"虎口"，漫天要价，吃的越多越好，言及买方处被动地位，卖方处主动地位，必须一步一个脚印，方能立足。反之，如买者如虎，张开大口乱开

价，卖者畏缩，颤动如鼠，害怕对方的攻势，不敢要价，这样的买卖者都是不称职的。

挂彩

指解涨了玉件或购买了好的玉件后，卖主表示祝贺"挂彩"给你，意即要你给"彩钱"，有的外行买了不好的翡翠又被人家捉弄，要求挂彩，就成了"赔了夫人又折兵"了。

"摆戛"

缅语，即捐客之意，专门吃介绍的叫"吃摆戛"。

赌头

表示拿不准，干着瞧的意思。

翡翠市场上有些用语是"黑话"，如有的标价说"筷子数"，有的说"烟锅杆"。广州、昆明、腾冲、瑞丽等地还有把100元当1元，10元当1角的，当地要价100元时就是实际的1万元了。

手势在交易中议价时，为避免第三者信口褒贬，旧时还用捏手指的方法表示，双方以衣袖长衫右手罩住，互捏手指，从拇指起，1个手指表示1，捏2个手指表示2，3个为3，4个为4，5个为5，大拇指与食指伸出呈牛角形为8，食指弯曲为9，将5个手指捏两次为

10，而百、千、万以口头表示。在成交中有带成的
情况，买卖双方在成交前协商，这个玉卖给你，但
卖方要带三成（即占3/10），以后玉石解涨解亏，
都负3/10的权责；另一种是买价值较大的玉，邀约
同行好友拼成，凡入成的，都对玉面质地作出精辟

而比较准确的判断见解。以前，龚子俊以460元银元购入重2kg玉一件，此玉原被洪盛祥商号判为"无前途"，当场有王宾一、许际华、朱子厚3人在场，共占5成，龚占5成，此玉解后，出现一匹绿带子，大涨特涨，值数万元。

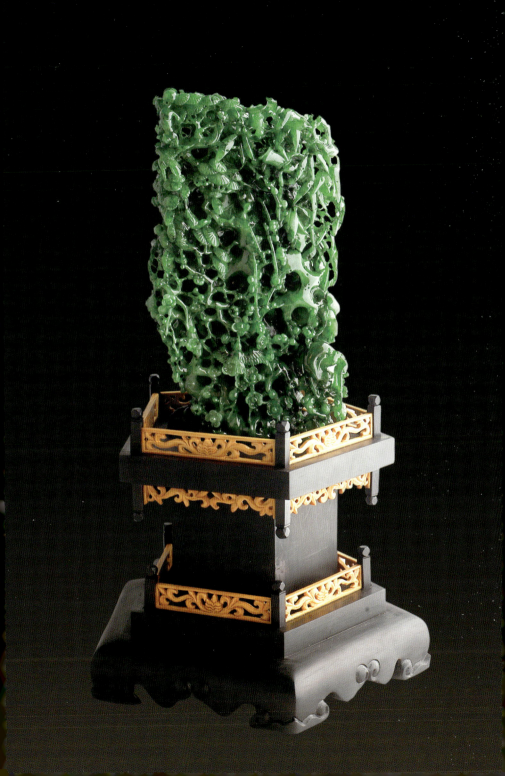

鸣谢

云南勐拱翡翠公司

广州乾朝珠宝公司

腾冲树明玉雕公司

竹邦翠亨 http://shop33385274.taobao.com/

昭仪翠屋

摩　仗先生　杨自文先生　周　剑先生　周经纶先生

杨树明先生　杨　剑先生　顾成万先生　朱利阳先生

杨　顺先生　杜茂盛先生　李显清先生